DES
TUMEURS FIBREUSES
DU MAXILLAIRE INFÉRIEUR,

Par L.-J. BAUCHET,

Docteur en Médecine,
Interne Lauréat des Hôpitaux et Hospices civils de Paris,
Membre titulaire et Secrétaire de la Société Anatomique.

PARIS.

LABÉ, ÉDITEUR, LIBRAIRE DE LA FACULTÉ DE MÉDECINE,
place de l'École-de-Médecine, 23.

1854

TUMEURS FIBREUSES

DU MAXILLAIRE INFÉRIEUR.

Au mois de janvier dernier, je fus consulté par une femme, jeune encore, qui portait à la mâchoire inférieure une difformité repoussante ; c'était une tumeur énorme, dont l'origine remontait à plus de vingt ans.

Après avoir bien examiné cette affection, après avoir bien constaté qu'elle était parfaitement limitée et n'attaquait que l'os maxillaire inférieur, je me décidai à en pratiquer l'extirpation. Je fus assez heureux pour voir guérir la malade. Je l'ai revue, il y a quelques jours encore ; elle est en parfaite santé. Je me décidai alors à prendre cette observation pour sujet de cette thèse, que j'ai intitulée *Tumeurs fibreuses du maxillaire inférieur*. Je justifierai plus loin cette dénomination, que j'ai préférée à celle de *kystes osseux, kystes fibreux,* etc.

En choisissant ce sujet, j'ai pour but de publier le fait que j'ai observé, de grouper tous les matériaux que j'ai pu trouver pour compléter l'histoire de cette maladie. J'ai borné mon travail à l'étude des corps fibreux dans le maxillaire inférieur, et cependant j'ai rapporté en quelques mots l'histoire d'une tumeur de même nature, que j'ai vue récemment à l'hôpital Saint-Louis, dans le service de M. Denonvilliers, et qui appartenait à l'un des os maxillaires supérieurs. Cette observation m'a servi à combler une lacune dans mes recherches, m'a permis de suivre en quelque sorte le développement de cette maladie ; j'ai conclu que ce que j'avais vu pour le maxillaire supérieur devait aussi se présenter dans le maxillaire inférieur.

Voici l'ordre que je me propose de suivre :

1° Je donne dans tous ses détails l'observation que je possède et qui m'est personnelle.

2° Je jette un coup d'œil sur les faits que j'ai trouvés dans les auteurs qui se sont occupés de cette altération, et je discute le choix que j'ai fait du titre de ma thèse ; puis je rapporte en peu de mots l'observation que j'ai recueillie dans le service de M. Denonvilliers.

3° Anatomie pathologique.

4° Symptômes, marche de la maladie.

5° Diagnostic de cette affection ; comment on pourra la distinguer d'autres altérations dont les symptômes se rapprochent de ceux des tumeurs fibreuses de la mâchoire inférieure.

6° Étiologie.

7° Pronostic.

Et 8° Traitement.

Je dois dire que j'ai largement mis à profit les notes que j'ai recueillies à l'hôpital de la Charité, pendant que j'étais dans le service de M. Velpeau. Je remercie encore ici mon excellent maître des savants préceptes que j'ai puisés et puiserai toujours auprès de lui ; je remercie aussi M. Gosselin, qui a bien voulu m'aider de ses conseils pour ce travail.

I. — OBSERVATION.

Tumeur fibreuse du maxillaire inférieur.

Rosine Parrain, âgée de trente-quatre ans, demeurant à La Bassée, département du Nord.

Cette femme, d'une forte constitution, grande, bien faite, bien portante, aux cheveux noirs, a été réglée de bonne heure, c'est-à-dire vers l'âge de quatorze à quinze ans. Depuis lors, la menstruation a toujours été très-régulière ; elle n'a jamais été malade. Elle s'est mariée vers l'âge de vingt-quatre ans ; elle a un enfant bien constitué, bien portant, âgé de dix à douze ans.

Elle portait, quand je l'ai vue pour la première fois, le 8 janvier dernier, une tumeur énorme, située dans la région sus-hyoïdienne droite, gagnant du côté de la région parotidienne, et occupant l'os maxillaire inférieur. Voici ce qu'elle m'apprit :

Cette tumeur a débuté, il y a quinze à seize ans, sans qu'elle puisse attribuer aucune cause à son développement. Quand la malade s'est aperçue de sa présence, elle avait plus que le volume d'une noisette ; elle était fixe, non roulante ; elle ne provoquait aucune douleur. Elle a grossi lentement ; au bout de cinq ans, elle avait plus que le volume d'un gros œuf. C'est alors qu'elle consulta M. le Dr Deroy, d'Estaires, qui se décida à l'opérer. Il fit une incision aux téguments, puis, à l'aide de la gouge et du maillet, il cassa la tumeur. La malade perdit beaucoup de sang pendant l'opération, qui fut très-douloureuse ; cependant elle guérit assez vite, et pendant quelque temps, elle se crut complétement délivrée. Il ne restait qu'une cicatrice suivant le bord inférieur du maxillaire inférieur, à droite ; c'est cette cicatrice que l'on aperçoit sur la portion de peau que j'ai enlevée. J'ai demandé à la malade de me préciser le point où existait la tumeur, et ce qu'elle m'a dit, rapproché de ce que je vois, quant à la position de la cicatrice, m'a démontré que c'était au niveau des premières grosses molaires droites que la maladie avait débuté.

Un an ne s'était pas écoulé, que déjà la malade s'apervevait que la tumeur récidivait. Cette fois, elle ne fit plus rien pour arrêter son développement ; elle reculait devant l'idée d'une opération nouvelle : cependant la tumeur grossissait, et elle a continué de s'accroître, au point d'acquérir le volume énorme que je lui ai trouvé.

Avant l'opération. La malade est hideuse à voir ; elle sort peu, parce qu'elle inspire un sentiment de répugnance à toutes les personnes qui la regardent. Je l'ai fait dessiner avant l'opération, et le portrait montre qu'en effet cette répugnance des personnes étrangères à la médecine n'a rien d'exagéré.

La tumeur est placée, à droite, sur l'os maxillaire inférieur ; elle gagne la symphyse du menton, et la dépasse même au moins d'un pouce à gauche ; elle descend au delà de la partie moyenne de la région cervicale ; elle remonte jusqu'à la pommette.

La peau a sensiblement conservé sa coloration normale ; elle est un peu amincie ; elle n'a pas d'adhérence avec la tumeur ; elle glisse aisément sur elle. On aperçoit sur la partie moyenne de la tumeur, dans le point le plus saillant, dans le point qui correspondrait normalement au niveau des grosses molaires droites, une traînée blanche, qui n'est autre chose que la cicatrice résultant de l'opération qui a été pratiquée.

La bouche est fortement déviée à gauche, de même que le nez ; la lèvre inférieure est allongée et comme étalée sur la tumeur ; la joue droite est soulevée, bosselée ; l'œil de ce côté est déformé.

Entre les deux lèvres, on aperçoit une masse rougeâtre qui n'est pas, comme on pouvait le voir sur la pièce, la gencive, mais une bosselure de la tumeur, qui s'est coiffée de la muqueuse gingivale.

Cette tumeur s'est développée sans occasionner de douleur, et aujourd'hui elle n'est douloureuse ni au toucher ni dans les différents mouvements de la mâchoire ; elle cause toutefois, par son poids, par ses bosselures, une gêne extrême dans tous les mouvements. La phonation est très-difficile, très-embrouillée ; la déglutition gênée ; la mastication impossible tout à fait à droite, et extrêmement difficile à gauche. La respiration est embarrassée, parfois sifflante ; parfois aussi il y a des accès de suffocation, la tumeur descendant sur le larynx et le comprimant. Quand la malade ouvre la bouche, on voit que la cavité buccale est très-rétrécie, que la langue est fortement portée en arrière et en haut.

Passant à un examen plus attentif, voici ce que j'ai constaté :

A l'intérieur, la tumeur est dure, bosselée, d'une dureté vraiment osseuse ; dans quelques points cependant, surtout en bas et en arrière, la tumeur se laisse un peu déprimer, et l'on sent par moments un claquement parcheminé. Les bosselures sont inégales ; les plus volumineuses se rapprochent de la symphyse du menton, une d'entre elles monte au devant de l'os maxillaire supérieur droit.

Si l'on fait exécuter des mouvements à la mâchoire inférieure, si l'on fait ouvrir et fermer la bouche en appliquant la main sur la tumeur, on sent bien que toute la tumeur suit les mouvements de la mâchoire. Quand la bouche est ouverte, on peut passer le doigt entre la bosselure qui monte vers la joue et l'os maxillaire supérieur. Cette bosselure est arrondie en arcade, elle est placée au devant de l'arcade dentaire, se dirige d'arrière en avant, et c'est elle que l'on aperçoit entre les lèvres.

Au dedans de la cavité buccale, toutes les dents à droite et jusqu'aux grosses molaires gauches sont tombées ou fortement ébranlées, en ne tenant plus que par quelques points fibreux.

Derrière l'arcade alvéolaire, on sent encore des bosselures plus ou moins grosses, plus ou moins dures ; on sent surtout derrière la symphyse du menton une bosselure plus molle et offrant au doigt la sensation parcheminée dont j'ai déjà parlé. Le doigt arrive avec peine à toucher le plancher de la bouche, et l'on sent, aussi loin qu'il peut atteindre, des bosselures dures, osseuses.

Il est impossible d'imprimer à la tumeur aucun mouvement qui ne se communique pas à la mâchoire ; elle occupe manifestement l'os maxillaire inférieur.

Notons encore, ainsi que le montre le dessin, que l'on voit à la face externe de la tumeur plusieurs grosses veines qui montent de bas en haut.

Rien dans la branche montante à droite ; rien à gauche, à partir des grosses molaires ; rien dans la mâchoire supérieure, rien dans la région parotidienne, rien dans les ganglions voisins, etc.

Ainsi que je l'ai dit plus haut, je vis pour la première fois la malade, le 8 janvier, avec M. le D' Hanguillart, de La Bassée. Après avoir bien constaté les détails sur lesquels je viens d'insister, considérant que la tumeur était bien limitée, qu'il n'y avait rien dans le voisinage, que la malade, âgée de trente-quatre ans, était bien constituée et jouissait d'une bonne santé, je pensai qu'une opération était praticable.

Quant au diagnostic, je m'arrêtai d'abord à l'idée d'un enchondrome. Je dis à la malade qu'on pouvait la guérir, et je l'engageai à venir à Paris.

Elle vint me voir le 10 janvier. Elle repoussa tout à fait l'idée de venir à Paris, et me demanda avec instance de l'opérer. J'examinai de nouveau et avec soin la tumeur, et je me décidai à l'enlever.

Après le nouvel examen, je rejetai de nouveau l'idée d'une exostose, qui s'était présentée à mon esprit. Je songeai un instant à une tumeur fibreuse ; mais, à cause de sa dureté, je rejetai cette idée aussi. Cependant, comme, parmi les bosselures, les unes offraient tout à fait la sensation du tissu osseux, tandis que quelques-unes se laissaient un peu déprimer par la pression, je diagnostiquai une tumeur ostéo-cartilagineuse, peut-être ostéo-fibreuse.

Je pratiquai l'opération le 19 janvier, avec MM. Hanguillart et Pollet, docteurs à La Bassée, et M. Férou, médecin à Aubers, de la manière suivante :

Opération. J'avais bien réfléchi à cette opération, et je m'étais demandé si je ferais arriver ma première incision à la commissure labiale droite, ou si je passerais sous la lèvre inférieure. Je m'étais décidé à diviser la commissure des lèvres, parce que j'arrivais avec peine à circonscrire, avec le doigt, la tumeur de la cavité buccale, et que je voulais opérer le plus possible à ciel ouvert.

La malade étant couchée sur le dos, je lui fis respirer du chloroforme; après quelques inspirations, elle était complétement insensible.

La première incision, partant de la partie la plus reculée de la tumeur, vers le point de jonction de la branche horizontale droite du maxillaire inférieur avec la branche ascendante, vint tomber sur la commissure labiale droite. Une deuxième incision, passant à un pouce environ au-dessous de la lèvre inférieure, vint tomber du côté gauche, vers la partie moyenne de la branche horizontale du maxillaire inférieur, au niveau des grosses molaires. Puis, partant de ce point, je revins de gauche à droite, en passant au-dessous de la tumeur, rencontrer le point de départ de ma première incision, de manière à enlever un lambeau de peau assez considérable. Je disséquai rapidement le premier lambeau, puis le second, avec la lèvre, que je détachai de la tumeur. Je liai les deux artères faciales que j'avais coupées. Le sang coulait à flots; toutes les veines qui rampaient sur la tumeur, et que j'ai signalées plus haut, avaient été coupées, et versaient une grande quantité de sang; je tâchai de scier au plus vite l'os maxillaire. Je passai l'aiguille, qui devait guider ma scie à chaîne, à droite, en arrière de la tumeur, et de dehors en dedans. J'arrivais avec peine, je l'ai déjà dit, dans la cavité buccale; aussi je parvins très-difficilement à dégager mon aiguille. Je sciai l'os à un petit travers de doigt en arrière de la tumeur. Ma scie rencontra une racine de la dernière grosse molaire, et je fus forcé de terminer ma section avec la scie à main. Du côté gauche, je sciai l'os maxillaire, au niveau de la partie moyenne de sa branche horizontale, avec une scie à main.

L'os était détaché. Saisissant alors la tumeur à pleine main, je l'attirai fortement à moi , et je coupai avec le bistouri tout ce qui retenait la tumeur, les muscles génio-glosses , génio-hyoïdien, mylo-hyoïdiens , etc. , en rasant de près la tumeur.

Ce dernier temps de l'opération fut des plus faciles.

L'hémorrhagie veineuse s'arrêta de suite. L'artère du frein que je venais de diviser donnait un jet de sang; j'en fis la ligature. L'artère dentaire inférieure ne fournissait pas de sang. Je nettoyai la malade , et j'attendis un instant avant de procéder au pansement.

Quelques minutes à peine s'étaient écoulées, que la respiration devint embarrassée , ronflante. La langue était refoulée en arrière, portée dans le pharynx, et menaçait d'asphyxier la malade. J'aurais pu , ainsi que me l'a fait remarquer M. Denonvilliers , passer, avant de commencer l'opération, un fil à la pointe de la langue; ce fil m'eût été d'un grand secours. Je saisis la pointe de la langue avec une pince à pansement, et je l'attirai fortement en avant et un peu en bas. Aussitôt la respiration cessa d'être embarrassée et redevint libre ; je passai alors un fil double, transversalement, un peu en avant de la base de la langue, et j'en confiai les deux chefs à un aide. J'attendis encore quelques instants, le sang ne coulait plus, la malade respirait librement ; nous procédâmes au pansement. Deux épingles et quelques tours de fil réunirent d'abord la commissure labiale droite ; alors la plaie était réduite à deux lèvres , qui furent rapprochées et réunies par une suture entortillée. Au niveau du menton , les deux bouts de l'anse de fil qui retenait la langue furent assujettis sur une traverse de linge.

Le tout fut recouvert d'un pansement simple.

Alors la malade fut reportée dans son lit. La respiration était libre, le pouls était bon. Toute l'opération avait été pratiquée pendant qu'elle était sous l'influence du chloroforme.

Après l'opération. A midi, un vomissement de sang ; à une heure, nouveau vomissement de sang. — Tilleul avec eau de fleur d'oranger ; potion cordiale , quelques cuillerées de vin de Malaga.

Le soir, le pouls était assez fréquent ; la malade était assoupie.

Le 20 janvier. La nuit a été assez bonne ; le pouls est assez plein, fréquent ; un peu de céphalalgie ; un point douloureux sous le sein gauche. — Même prescription.

La malade avale assez facilement, elle a uriné deux fois dans la journée.

Le 21. La figure de la malade est un peu animée ; peu de sommeil la nuit ; pouls comme la veille ; point douloureux au côté ; une selle. J'enlève le pansement simple, que je renouvelle ; j'ôte la traverse de linge qui retenait le fil qui traverse la langue, je laisse les deux fils pendants. — Même prescription.

Le 22. La malade a bien dormi, elle respire librement ; plus de points douloureux ; pouls peu fréquent. — Même prescription ; une cuillerée de bouillon toutes les heures.

Le 23. La malade est en très-bon état ; j'enlève quatre épingles, deux à droite, deux à gauche. — Même prescription.

Le soir, la malade est un peu fatiguée ; elle a reçu beaucoup de visites. — J. diacodé.

Le 24. La malade va bien ; je retire l'anse de fil qui traverse la langue. — Bouillon au tapioka.

Le 25. Les ligatures sont tombées ; j'enlève les épingles, je ne laisse que celles qui sont placées (trois) au niveau de la commissure labiale. La malade va bien. — Bouillon au tapioka ; lait de poule avec un œuf ; deux pansements par jour ; lotions avec décoction de kina.

Du 25 au 29. La malade va de mieux en mieux, elle parle un peu ; toutes les épingles sont retirées. — Bouillon au tapioka ; lait de poule avec deux œufs ; un peu de vin.

Le 30. Je quitte la malade ; elle s'est levée hier deux fois pendant la journée, une heure chaque fois ; elle va très-bien, elle parle un peu, répond assez distinctement, quand je l'interroge.

La plaie est complétement cicatrisée, excepté à l'endroit par où sortait l'anse de fil passée à la base de la langue ; la suppuration est assez abondante, la commissure labiale droite est bien réunie, la bouche est entr'ouverte, la lèvre inférieure est légèrement inclinée en bas et à droite.

Plusieurs réflexions se présentent à mon esprit :

D'abord j'aurais pu ne pas diviser la commissure labiale droite, ensuite j'aurais pu exciser une portion de la lèvre inférieure. Cette lèvre avait été, en effet, distendue, étalée, allongée par la tumeur; de cette façon, la bouche grimacerait moins, je pense.

Si, au lieu de passer l'aiguille qui devait guider ma scie à chaîne, si, dis-je, au lieu de passer l'aiguille de dehors en dedans, je l'avais passée de dedans en dehors, comme me l'a fait remarquer M. Denonvilliers, j'aurais peut-être évité une des grandes difficultés de l'opération.

Examen de la pièce. La tumeur, examinée de suite après l'opération, pesait 2 livres ¼ (1125 gr.).

Au milieu de cette masse, en dedans, on aperçoit l'arcade alvéolaire, qui a presque conservé sa courbure normale; mais, si l'on n'avait pas cette courbure, et si l'on n'avait pas, à droite et à gauche, la portion d'os maxillaire qui a été sciée, si l'on n'avait pas la partie postérieure de la symphyse du menton, avec les insertions des muscles qui ont été coupés dans l'opération, on ne pourrait pas reconnaître que l'os maxillaire inférieur est là, tant il est confondu dans la tumeur.

Disons de suite que cette tumeur, du reste, est une tumeur de l'os maxillaire lui-même, qu'elle est née de son tissu; rien d'étonnant dès lors que cet os soit ainsi déformé.

On compte sept dents sur la tumeur enlevée : parmi elles, les unes sont vacillantes; les autres, sorties de leurs alvéoles, ne tiennent plus que par des filaments; on voit aussi quelques anfractuosités où existaient quelques dents qui sont tombées.

Tout à fait à droite, on voit une portion d'os, longue d'un centimètre, bien saine, et sur laquelle est implantée solidement la dernière grosse molaire; à gauche, une portion d'os de la même longueur, bien saine aussi, sur laquelle est fixée solidement une petite molaire.

En dedans et au-dessous de cette arcade dentaire, quelques bosselures, dont une assez molle, se laissant déprimer, et qui avait été bien sentie avant l'opération.

A deux travers de doigt plus bas, une bosselure plus grosse, très-dure, se continuant, de dedans en dehors, avec le reste de la tumeur.

Les 99 centièmes de la tumeur au moins font saillie en avant et en dehors de l'arcade dentaire.

Toute la tumeur est dure, bosselée ; les bosselures sont, les unes, avec une consistance osseuse, les autres, avec une consistance plus molle, ainsi qu'il a été dit plus haut ; une surtout, très-dure, fait relief sur la tumeur, et masque l'arcade dentaire, au devant de laquelle elle s'élève ; c'est cette bosselure qu'on voit à travers les lèvres, sur le dessin, c'est cette bosselure qui a rendu difficile le passage de la scie à chaîne.

La tumeur, dans sa partie la plus large, a 1 déc. 50 cent. ; au niveau de la symphyse du menton, 1 déc. ; sa hauteur est de 2 déc., sa longueur a plus de 3 déc.

On aperçoit à la face externe un lambeau de peau ayant près de 3 déc. de longueur sur 1 déc. de hauteur ; on voit sur elle une cicatrice blanche résultant de la première opération qui a été pratiquée.

J'ai fait avec la scie une coupe de la tumeur, de haut en bas, suivant sa plus grande hauteur.

De haut en bas, dans les deux tiers environ, c'est du tissu osseux ; dans le dernier tiers, il y a des points plus mous mêlés au tissu osseux et se laissant déprimer avec le doigt ; tout à fait en bas et à la périphérie, on peut, excepté sur un point limité, soulever une lamelle osseuse, d'enveloppe mince, comme parcheminée ; cette lamelle, pour le dire de suite, se retrouve plus ou moins marquée sur tout le pourtour de la section, excepté à la partie supérieure , dans 1 centimètre environ , là où la tumeur est tout à fait ossifiée.

En allant d'arrière en avant, on trouve, tout à fait en arrière et tout à fait en avant, du tissu blanc, élastique, dépressible, du tissu fibreux ; c'est surtout au niveau de ce tissu que la lamelle enveloppante est plus épaisse ; au milieu, des ilots du tissu osseux séparés par un tissu plus mou.

L'examen à l'œil nu m'avait fait reconnaître, dans cette tumeur, du tissu osseux et du tissu fibreux. M. Verneuil, à qui j'avais envoyé quelques morceaux de la tumeur immédiatement après l'opération, et M. Robin, qui a examiné la pièce il y a quelques jours, ont tous deux trouvé :

Les éléments du tissu osseux,

Les éléments du tissu fibreux.

Ils n'ont rencontré aucun autre élément anatomique.

Il s'agit donc bien, dans ce cas, d'une tumeur ostéo-fibreuse de l'os maxillaire inférieur.

J'ai fait macérer une moitié de la tumeur. Le tissu fibreux a disparu par la macération. Il reste une coque osseuse, mince, qui enkyste (qu'on me passe l'expression) la tumeur. Dans quelques points, il reste de petits îlots osseux ; dans d'autres endroits, c'est du tissu osseux, très-spongieux. Dans aucune partie, on ne voit d'aiguilles osseuses, semblables à celles qui ont été décrites dans les tumeurs cancéreuses, ou plutôt fibro-plastiques, du maxillaire.

La tumeur, du reste, et les dessins, seront déposés au musée Dupuytren.

Réflexions. De tout ce qui précède, je crois que l'on peut tirer les conclusions suivantes :

1° Cette tumeur a eu son point de départ dans le maxillaire inférieur.

2° Je pense que tout d'abord c'était une tumeur fibreuse, qui, en

se développant, a refoulé en dehors le tissu osseux du maxillaire inférieur.

3° Cette lamelle osseuse, qui enveloppe la tumeur, est formée par
le tissu compacte du maxillaire, qui s'est raréfié et aminci, comme
il arrive partout où une tumeur s'enkyste dans un os et se développe. ,

4° Dans une grande partie de son étendue, cette tumeur s'est ossifiée. La lamelle osseuse qui enkyste la tumeur s'est confondue,
dans ses points, avec le tissu osseux de nouvelle formation.

5° La tumeur, abandonnée à elle-même, aurait continué à s'accroître en dehors, en dedans, en arrière à droite, en arrière à gauche, et elle eût promptement asphyxié le malade ; déjà il existait
quelques signes précurseurs ; peut-être la tumeur se serait-elle ra-
mollie, ulcérée, etc., dans quelques points.

6° C'est une tumeur purement locale, et, comme j'ai scié l'os au
delà des limites du mal, je pense pouvoir affirmer que le malade
est à l'abri d'une nouvelle récidive.

7° Si la tumeur a récidivé une première fois, voici ce qui, selon
moi, s'est passé :

Au moment de l'opération, la saillie que l'on remarquait était
formée en partie par l'os maxillaire, en partie par la tumeur fibreuse développée dans son intérieur. On n'a enlevé que la table
externe de l'os maxillaire et une partie de tissu fibreux, mais on
n'a pas enlevé la totalité de l'affection. La malade eût été à l'abri
d'une récidive, si, au lieu de casser la tumeur, on l'avait emportée
tout entière en sciant l'os maxillaire en arrière et en avant.

Peut-être serait-on arrivé au même résultat, en ruginant, en cau-
térisant avec le fer rouge la portion d'os malade.

Le 1er juillet. J'ai revu la malade il y a quelques jours ; j'ai mis
en regard le portrait avant l'opération et le portrait actuel de la
malade.

La cicatrisation est parfaite depuis le 15 février au moins ; depuis
lors cette femme jouit d'une bonne santé.

Le nez a repris sa place normale, l'œil est parfaitement ouvert; la cicatrice est dure, assez résistante, et forme comme une arcade fibreuse qui remplace l'os maxillaire.

La lèvre supérieure est bien faite, l'inférieure est très-légèrement entr'ouverte à droite; cependant elle est bien moins pendante que dans les premières semaines qui ont suivi l'opération. On pourrait remédier aisément à cette difformité en excisant une petite portion de la lèvre inférieure.

Quand on porte le doigt dans la bouche, on sent à droite la branche montante de l'os maxillaire inférieur, immobile, attirée en haut; à gauche, la portion du maxillaire inférieur que j'ai laissée, et sur laquelle sont implantées deux dents.

La cicatrice, placée surtout en bas et à droite, a, en se rétractant, refoulé en avant les téguments, et il existe une bosselure qui simule assez bien le menton.

Le malade abaisse la lèvre inférieure, ferme la bouche facilement; mais la portion du maxillaire qui a été laissée ne participe pas à ces mouvements.

La malade parle bien distinctement; elle boit avec facilité, mais elle ne peut se nourrir que d'aliments liquides ou réduits en bouillie. Elle tire la langue avec facilité; elle porte constamment un bandeau qui appuie sur la cicatrice, et, quand le bandeau est placé, la malade parle mieux, boit et mange avec plus d'aisance.

J'espère pouvoir lui faire adapter une mâchoire artificielle, qui s'appuiera en bas et en avant sur la cicatrice; en arrière, sur les portions d'os maxillaires qui sont restées intactes.

II. — RECHERCHES BIBLIOGRAPHIQUES.

Longtemps confondue avec l'exostose et l'ostéosarcome, cette espèce de tumeur a été décrite d'une manière spéciale par Dupuytren. On trouve bien, il est vrai, quelques indications dans Hunter, Bordenave; mais ces indications sont si vagues, que l'on peut passer outre, pour arriver de suite à Dupuytren. Dans le 2ᵉ volume des *Leçons orales de clinique chirurgicale* (recueillies et publiées par MM. Brierre de Boismont et Marx), un chapitre est consacré à l'étude des kystes osseux, et dans ce chapitre deux observations de tumeurs fibreuses du maxillaire inférieur : la première chez un jeune homme de quinze ans, la seconde chez une femme de seize ans. Je mettrai plus loin à profit ces deux observations.

Dans les ouvrages d'A. Cooper, deux observations aussi : l'une chez une jeune fille de treize ans, l'autre chez une jeune fille de dix-neuf ans. Ces deux faits sont rapportés comme exemples d'*exostose médullaire cartilagineuse*; mais ce sont bien des tumeurs fibreuses du maxillaire inférieur; car on lit dans la première : «Elle se composait d'un tissu cartilagineux mélangé à des pointes osseuses; mais, à la surface, elle était constituée principalement par une substance *blanche, fibreuse, élastique*, ressemblant au *tissu ligamenteux élastique*;» et dans la seconde : «La tumeur se composait d'une substance cartilagineuse, qui offrait un tissu plus mou que celui qui recouvre le tissu compact des os.»

Je n'hésite pas, pour ma part, à mettre cette tumeur au nombre des tumeurs fibreuses.

M. Forget, dans sa thèse inaugurale (Paris, 1840), rapporte les observations que je viens de citer; il en ajoute plusieurs autres, puisées surtout dans la pratique de Lisfranc. Parmi celles-ci, une seule a une valeur réelle.

La malade, âgée de quarante-quatre ans, entre à l'hôpital de la Pitié en 1838. Elle portait à la mâchoire inférieure, depuis trois ans, une tumeur qui allait toujours grossissant, et qui avait acquis le volume d'une noix. Une première opération avait été pratiquée dix-sept mois après le début de l'affection, et la tumeur avait récidivé. Lisfranc pratiqua la résection du maxillaire inférieur. La malade guérit.

3.

Je note avec soin que la tumeur avait provoqué, à son début et, pendant son développement, des douleurs aiguës très-intenses; quand, après l'opération, on examina la pièce, on trouva que le canal dentaire était diminué, le nerf comprimé et aminci.

C'était bien une tumeur fibreuse du maxillaire inférieur; il ne peut rester le moindre doute à cet égard. On lit, en effet, dans la thèse de M. Forget : «... Le tissu ressemblait au fibro-cartilage; » et plus loin : «Il existe quelques points rouges, ramollis; on dirait du fibro-cartilage qui a macéré dans l'eau. » Mais il n'en est pas de même pour les autres observations; cela tient à ce que la description des pièces pathologiques ne reposait sur aucune base solide, sur aucun caractère positif. Ainsi, dans l'observation qui précède celle dont je viens de donner un extrait (loc. cit.), nous voyons que la tumeur était formée par un tissu fibro-lardacé, et par un kyste purulent fétide; et plus loin : « On retrouve la matière cancéreuse aux divers degrés de dégénérescence : *tissu fibreux, squirrheux, lardacé, caséeux, cérébriforme, bouillie jaunâtre* et *diffluente.* » Que faire d'une semblable description ? Dans quelle classe ranger cette tumeur ?

J'en pourrai dire autant d'une observation de Morelot, chirurgien de l'hôpital de Baume. Il s'agit aussi d'une tumeur du maxillaire inférieur : *on n'en connaît pas bien la nature,* dit Morelot; pour Tenon, *c'est le parenchyme de l'os; ne serait-ce pas,* se demande M. Forget, *un corps fibreux en voie d'ossification?*

Le microscope, en imprimant à l'étude de l'anatomie pathologique une direction nouvelle, a rendu un service immense, et la plupart des observations que nous publions aujourd'hui auront le mérite au moins de pouvoir servir et d'être bien comprises.

Nous avons encore sur ce sujet un travail de M. Forget, plus récent, publiée dans les *Mémoires de la Société de chirurgie,* t. 3.

M. Nélaton, dans son traité de pathologie, t. 2, consacre un chapitre à la description des tumeurs fibreuses du maxillaire inférieur. Nous trouvons, du même auteur, une leçon publiée dans la *Gazette des hôpitaux,* et cette observation est, avec celle de Dupuytren, une des plus complètes que nous possédions sur ce sujet.

Depuis Dupuytren, c'est sous le nom de *kyste osseux du maxillaire inférieur* qu'on a étudié cette opération, c'est sous ce nom qu'elle est décrite par M. Forget; c'est aussi cette expression qu'on retrouve employée dans le compte rendu de la Société de chirurgie (*Gazette des hôpitaux,* 1851, p. 383). Une leçon de M. Nélaton, publiée dans la *Gazette des hôpitaux,* 1852, p. 309, est encore intitulée *Kyste fibreux du maxillaire inférieur.*

Si, dans quelques cas, le corps fibreux est comme enkysté et peut s'énucléer facilement ; si, dans ces cas, le nom de *kyste osseux* peut être à la rigueur conservé, il n'en est pas toujours ainsi. Les pièces pathologiques d'A. Cooper ne peuvent être rangées parmi les kystes; il en est de même de la pièce que je possède. Cette dénomination me paraît défectueuse, et j'aime mieux, avec M. Nélaton, dans son traité de pathologie, adopter le nom de *tumeur fibreuse.*

Voilà les matériaux que j'ai pu réunir ; j'ai fait bien des recherches, et je n'ai rien trouvé dans d'autres auteurs sur cette affection. Cependant M. Giraldès m'a dit avoir vu des tumeurs semblables dans le musée de Hunter. Je n'ai pu découvrir, dans aucun ouvrage, la description de ces pièces pathologiques, et pourtant j'aurais été heureux de pouvoir les mettre à profit. Terminons par une note sur le malade que j'ai vu récemment à l'hôpital Saint-Louis, dans le service de M. Denonvilliers.

Tumeur fibreuse du maxillaire supérieur gauche.

Au mois d'avril dernier, il entra à l'hôpital Saint-Louis, dans le service de M. Denonvilliers, un jeune homme d'une vingtaine d'années, qui portait une tumeur de la grosseur d'une noix au-dessus de la lèvre supérieure, à gauche de la ligne médiane. Cette tumeur faisait un relief assez notable, soulevait l'aile du nez, et effaçait le sillon naso-labial. Elle était immobile, adhérente à l'os maxillaire supérieur correspondant ; les téguments qui la recouvraient avaient conservé leur apparence normale. Cette tumeur était molle, élastique, et l'on pouvait croire qu'elle était formée par une collection liquide. Elle avait débuté au mois de janvier, elle s'était montrée sans être précédée de douleurs, sans inflammation ; puis elle avait grossi au point d'acquérir le volume que j'ai indiqué plus haut.

M. Denonvilliers en pratiqua l'extirpation dans le courant du mois d'avril. On fit d'abord une ponction ; la tumeur était solide, ainsi que du reste il l'avait annoncé.

L'incision fut agrandie, la lamelle osseuse qui la recouvrait enlevée, et on put alors procéder à l'extirpation de la tumeur. Elle fut enlevée par fragments ; elle était fortement adhérente profondément au tissu osseux. La tumeur enlevée, la cavité qui la renfermait fut ruginée avec soin. Une quinzaine de jours après, le malade sortait de l'hôpital parfaitement guéri.

La tumeur était rougeâtre à sa périphérie, on aurait pu croire, tout d'abord, que c'était un caillot fibrineux déposé sous le périoste ; mais elle était d'une consistance plus ferme, et, à la coupe, elle avait l'apparence de tissu fibreux. L'examen de la pièce pathologique, fait par M. Robin, a prouvé que c'était bien une tumeur fibreuse.

III. — ANATOMIE PATHOLOGIQUE.

Nous examinerons successivement l'état de l'os et l'état du produit pathologique.

La maladie peut avoir son point de départ ou dans les lames superficielles de l'os, ou dans son centre même. Chez la malade que j'ai opérée, la tumeur s'était montrée d'abord au niveau des dents ; elle faisait relief à la surface des gencives. Elle était superficielle aussi chez le jeune homme opéré par M. le professeur Denonvilliers.

Si la tumeur est récente et superficiellement placée, elle se creuse une loge dans le tissu osseux ; elle refoule ce tissu en dehors ou en dedans, suivant son siége : en dedans, si elle se développe plutôt à la face interne du maxillaire inférieur ; en dehors, si elle affecte la face externe.

L'os ainsi refoulé se condense, se résorbe, et bientôt il est réduit à une lamelle mince. A ce moment, si on le comprime avec le doigt, il cède en faisant entendre ou en donnant la sensation d'une crépitation particulière, que l'on appelle craquement parcheminé. Si par la macération on détruit le tissu fibreux, profondément, le tissu osseux s'est aussi résorbé ; il est rugueux, inégal. C'est à tort, selon moi, que l'on a dit que dans tous les cas, la tumeur prenait naissance au centre même du tissu osseux. Le fait observé dans le service de M. Denonvilliers met hors de doute cette proposition.

Dans cet état, il peut se présenter deux choses : ou bien, comme dans les faits observés par Dupuytren, le corps fibreux s'enkyste, l'os est creusé d'une cavité bien limitée, la tumeur peut s'énucléer facilement ; ou bien le produit pathologique a poussé de côté et d'autre des prolongements, et s'est creusé des cavités inégales, anfractueuses ; ce n'est plus un véritable kyste qui le contient, c'est pour ainsi dire une infiltration fibreuse du tissu osseux. Dans ces cas encore, si la tumeur est ancienne, si elle est ossifiée, il y a soudure entre l'os maxillaire et le corps fibreux, ainsi que j'espère l'établir plus loin.

Cette distinction n'a pas échappé à M. Nélaton, et nous la retrouvons dans sa leçon publiée dans la *Gazette des hôpitaux* (loc. cit.).

La tumeur peut présenter une ou plusieurs bosselures, et parmi ces bosselures, suivant l'époque de leur apparîtion, les unes sont plus molles, les autres plus consistantes ; les unes peuvent n'être recouvertes que par une simple lamelle osseuse, les autres par une lame plus épaisse de tissu osseux.

Ces tumeurs n'ont pas de tendance à se ramollir ; la lamelle osseuse qui les recouvre s'amincit, mais il faudra un temps fort long avant qu'elle ait complétement disparu. C'est ainsi que dans l'observation que j'ai rapportée, la tumeur datait de vingt ans, et partout elle était recouverte par une lamelle osseuse plus ou moins épaisse, suivant les différents points de sa superficie.

Si la tumeur est placée au centre de l'os maxillaire, si elle a son point de départ dans le canal dentaire, par exemple, alors il faudra un temps bien plus long pour que le tissu osseux soit réduit à une lamelle assez mince pour que l'on puisse percevoir le craquement parcheminé dont je parlais plus haut. Tout d'abord, une des moitiés seule de l'os est attaquée; mais le mal s'étend parfois jusqu'à la branche ascendante, peut gagner la symphyse, et même envahir, avec le temps, l'autre partie de la mâchoire.

Quant au tissu même de la tumeur, il est élastique, d'un blanc grisâtre, ferme. Au début, il peut ressembler à un caillot fibrineux, plus ou moins coloré en rouge. C'est sous cette apparence que s'est présentée la tumeur du maxillaire supérieur que j'ai citée. Dans quelques points, le tissu fibreux est comme semé au milieu du tissu osseux; dans d'autres, il est bien limité. La structure de ces tumeurs est celle des polypes fibreux. Le microscope nous y montre tous les éléments caractéristiques du tissu fibreux. Qu'y a-t-il de surprenant dès lors que la tumeur s'énuclée difficilement dans certains cas? M. Velpeau a bien démontré depuis fort longtemps, et M. Nélaton a aussi insisté sur ce point, que les polypes fibreux s'attachent aux parties osseuses d'une manière très-serrée, par des prolongements que les parties adjacentes s'envoient réciproquement. La forme de ces tumeurs est ovoïde, arrondie; leur volume peut varier depuis celui d'une noisette, d'un œuf, jusqu'à celui du poing, et même de la tête d'un fœtus.

Il peut se passer dans leur épaisseur le même phénomène que l'on observe dans les corps fibreux de l'utérus; elles peuvent s'ossifier. C'est ce que l'on voyait très-bien dans la pièce dont j'ai donné la description; c'est aussi ce qui avait lieu dans un des cas de Dupuytren. Je ne pense pas que l'on puisse expliquer autrement la présence des bosselures osseuses que l'on trouve dans ces tumeurs. Il me répugne d'admettre que ce soient de véritables exostoses, coïncidant avec l'existence de tumeurs fibreuses. Ces bosselures, en effet, ne sont pas implantées sur l'os maxillaire lui-même ; elles en sont séparées par une couche plus ou moins épaisse de tissu fibreux. Dans la tumeur que j'ai sous les yeux, les bosselures osseuses sont trop nombreuses, trop volumineuses, pour qu'on puisse admettre qu'elles sont formées par le tissu osseux refoulé. Ce phénomène, du reste, s'explique, si l'on veut invoquer l'analogie, si l'on veut se reporter à ce que l'on observe dans les corps fibreux de l'utérus. Je lis dans la leçon clinique de M. Nélaton : « Le tissu fibreux n'a point refoulé l'os, il s'est développé entre ses mailles, il y a entre les deux substances une espèce de pénétration récipropre. C'est bien le tissu fibreux qui constitue la tumeur, mais il est pénétré d'aiguilles osseuses qui s'entre-croisent en tous sens, » etc.

Je pense que cette disposition tient à une ossification partielle, et par places, du produit pathologique primitivement fibreux.

Les parties environnantes sont refoulées, la langue est chassée pour ainsi dire de sa place : elle va se loger en arrière, jusque dans le pharynx ; la peau s'étale sur la tumeur, s'amincit, s'allonge, et, s'il survient quelque altération dans les téguments, cette altération tient à leur tiraillement. On comprend que dans ces conditions la peau peut s'enflammer, que les tissus voisins peuvent s'indurer, que des adhérences peuvent s'établir entre la tumeur et les parties qui la recouvrent ; mais ce travail pathologique sera un travail purement mécanique, bien différent de l'altération qui survient dans les téguments, quand il existe une tumeur cancéreuse.

La membrane gingivale a pris une consistance fibreuse, les dents sont ébranlées, vacillantes : les unes sont tombées, les autres ne tiennent plus que par un lien filiforme de tissu fibreux ; les alvéoles ont plus ou moins complétement disparu. M. Forget, dans l'observation qu'il a recueillie dans le service de Lisfranc, signale le rétrécissement de l'alvéole. Je crois, pour ma part, que les dents sont chassées et sortent comme fait un noyau de cerise pressé entre les doigts. En voici le mécanisme : le tissu osseux refoulé s'étale sur la tumeur ; l'ouverture alvéolaire est agrandie ; la dent sort alors facilement de sa cavité.

Que devient le canal dentaire ? M. Forget, dans son travail inséré dans les *Bulletins de la Société de chirurgie*, insiste sur l'intégrité constante ou presque constante du canal dentaire ; il est même, suivant lui, souvent agrandi. Les lamelles osseuses, en se dilatant, ont été projetées en dehors et le canal dentaire a été agrandi ; mais je n'ai pu retrouver ni le canal dentaire ni le nerf dentaire sur ma pièce. Dans la pièce enlevée par M. Nélaton, le canal dentaire est aplati, le nerf dentaire comprimé, effilé en plusieurs points. Dans l'observation de Lisfranc, le canal dentaire avait également subi quelques altérations ; son calibre était diminué, le nerf était comprimé, aminci. Je crois que l'état de ce canal et des parties qu'il renferme variera suivant le point de départ et l'époque de l'apparition de la maladie ; je pense aussi qu'on ne peut pas être trop absolu, et qu'on ne peut pas conclure que dans tous les kystes osseux, liquides ou solides, le canal dentaire subira les mêmes variations.

La portion d'os qui avoisine le point malade subira-t-elle une altération ? Je ne le pense pas ; car, sur la pièce que je possède, l'os maxillaire est parfaitement sain, avec sa couleur, sa consistance normales, dans les parties qui ne sont pas envahies par le corps fibreux.

J'ai lu toutefois, dans l'observation de M. Forget (loc. cit.), les quelques mots suivants, à propos de l'examen de la pièce : « Développement des vaisseaux voisins. » Je crois que cette expression se rapporte plutôt aux vaisseaux des téguments qu'aux vaisseaux du tissu osseux lui-même ; ce qui m'autorise à prendre cette hypothèse, c'est le développement considérable des veines de la peau, ainsi qu'on peut le voir sur le dessin placé à la fin de ce travail.

IV. — Symptômes.

Je les diviserai, pour la facilité de leur étude, en symptômes physiques et symptômes physiologiques.

Symptômes physiques. — D'abord c'est un gonflement vague, une sorte de tension des téguments. Au bout d'un certain temps, une tumeur apparaît, assez mal circonscrite, assez mal limitée, au début ; elle a son siége dans un des points du maxillaire, tantôt à la symphyse du menton, plus souvent sur l'une des branches de la mâchoire ; la tumeur refoule au dehors l'enveloppe osseuse. La tuméfaction augmente ; elle prend une forme plus nette, à surface lisse, régulière, la coque osseuse s'amincit. Cette tumeur est mollasse, élastique, et donne quelquefois la sensation de fluctuation, lorsquelle est superficièllement placée. C'est ainsi que récemment, dans le fait déjà cité, et que j'ai vu à l'hôpital Saint-Louis, on pouvait hésiter dans la question de savoir si l'on avait sous le doigt une collection liquide ou une tumeur fibreuse. Alors aussi on aperçoit très-vite le craquement parcheminé, caractéristique de l'amincissement du tissu osseux et du siége de la tumeur. Ce signe, auquel Dupuytren attachait une si haute importance, cesse d'être perçu, quand, par des pressions réitérées, on a brisé la lamelle osseuse ; mais, au bout d'un certain temps, cette lamelle reprend son élasticité, la crépitation reparaît. Ce signe est loin d'être pathognomonique de cette altération ; on le retrouve dans les kystes de la mâchoire proprement dits, dans les fungus de la dure-mère, partout où une tumeur refoule et amincit le tissu compacte.

Cette tumeur présente une ou plusieurs bosselures ; ces bosselures sont plus ou moins considérables ; leur consistance est variable : ici c'est un tissu mou que l'on presse sous le doigt ; là c'est la sensation d'une tumeur osseuse que l'on perçoit. Une bosselure, après avoir donné une certaine sensation de souplesse, d'élasticité, peut prendre une consistance plus ferme, si elle vient à s'ossifier.

Que la tumeur ait son siége plus profondément placé, pendant un temps plus ou moins long, suivant que l'altération s'est développée plus ou moins rapidement, elle est dure, résistante ; c'est pour le doigt qui l'explore une production osseuse. Mais, plus tard, les symptômes se dessinent, les bosselures se ramollissent, et la tumeur offre une résistance moins considérable.

Les dents refoulées sont chassées de leurs alvéoles. Dans une des observations de M. Forget, il est dit que les alvéoles sont diminués. Si je m'en rapportais à l'observation que j'ai recueillie, leur chute se ferait sans douleur ; elles perdent, pour ainsi dire, droit de domicile, elles vacillent, elles ne sont plus retenues que par des fragments de gencive, elles tombent. Longtemps on a donné comme signe du cancer du maxillaire inférieur l'ébranlement des dents. Le fait que j'ai raconté vient montrer une fois de plus combien ce signe est incertain et combien il peut conduire à l'erreur.

La membrane gingivale refoulée, étalée, prend une teinte pâle ; elle devient d'un tissu plus dur, elle a bientôt l'apparence d'un revêtement fibreux.

La peau est saine ; elle est amincie, étalée, mais elle glisse sur la tumeur ; elle n'a contracté aucune adhérence avec elle. A une époque éloignée, il peut arriver que la tumeur se ramollisse, s'ulcère ; mais je ne suis pas autorisé à m'étendre sur ce point, ces symptômes n'ont pas été observés dans des cas semblables ; je serai plutôt en droit de conclure qu'il n'en doit pas être ainsi.

On a parlé de la transparence de ces tumeurs, mais je n'insiste pas sur ce point, il me paraît impossible que l'on trouve ce symptôme. Point de ganglions engorgés dans le voisinage ; la langue cède sa place à la tumeur : elle est refoulée vers le pharynx.

Symptômes physiologiques. — Au début, c'est plutôt par une gêne, une tension de la mâchoire, que cette maladie annonce son invasion. Il faut un certain temps, il faut que la tumeur ait acquis un certain volume pour qu'elle nuise aux fonctions du maxillaire inférieur; mais, à mesure que la tumeur grossit, la phonation devient de plus en plus pénible, la mastication, sinon impossible, du moins fort difficile, la déglutition est très-embarrassée; si la tumeur est très-volumineuse, le larynx est comprimé, l'os hyoïde refoulé en arrière, et la respiration devient ronflante.

La tumeur suit tous les mouvements de la mâchoire, et quand on veut l'ébranler, quand, avec la main, on lui imprime quelques mouvements, ces mouvements se communiquent à l'os maxillaire tout entier.

Chose remarquable ! ces tumeurs se développent lentement, sans provoquer de douleur; jamais la malade que j'ai opérée n'en a ressenti ; et je cite cet exemple, parce que c'est la tumeur la plus volumineuse qui ait, je pense, été observée. Et cependant le canal dentaire a disparu, le nerf dentaire a dû éprouver bien des tiraillements. Il en est de même du fait rapporté dans la leçon clinique de M. Nélaton : «Pour se rendre compte de ce fait, dit M. Nélaton, dans son traité de pathologie, il faut savoir que cet appareil échappe le plus souvent à la compression. Le canal osseux dans lequel il est contenu s'élargit par suite de l'expansion du tissu compacte. Cette disposition, signalée par A. Cooper, se rencontre dans quelques-unes des observations de M. Forget.»

Mais le fait publié dans la *Gazette des hôpitaux*, mais l'observation que j'ai donnée, viennent contredire cette explication. Le fait reste, il est constant dans presque toutes les observations que nous possédons, mais il n'a pas encore reçu d'explication plausible. Un seul fait, rapporté par M. Forget, nous montre que le malade a éprouvé de vives douleurs pendant le développement de la tumeur. A l'examen de la pièce, on put se rendre compte de ces symptômes névralgiques.

Cependant l'état général n'offre rien de grave, et s'il survient des troubles sérieux, ces troubles doivent être rapportés à des causes purement mécaniques, soit à la gêne de la mastication, soit à la gêne de la respiration, soit à l'embarras de la déglutition. Jamais on n'observe chez ces malades cette teinte cachectique si caractéristique que l'on remarque dans les affections de mauvaise nature, dans les tumeurs malignes.

MARCHE. — Abandonnées à elles-mêmes, que vont devenir ces tumeurs ? Je ne puis mieux répondre qu'en invoquant ce qui s'est passé chez ma malade. C'est une observation de vingt ans que j'ai rapportée. La marche de ces tumeurs est lente : il leur faut un an, deux ans, et même davantage, pour acquérir, en général, la grosseur d'un œuf. Leur marche est lente, surtout quand elles ont déjà un certain volume. Probablement la tumeur, avant de détruire la dernière lamelle osseuse (et c'est là mon opiuion), finirait-elle par asphyxier les malades, si on ne l'arrêtait pas dans son développement. Leur durée sera très-considérable. Elles ne constituent tout d'abord qu'une difformité ; elles ne réagissent pas sur la santé générale.

V. — DIAGNOSTIC.

Au début, le diagnostic est assez embarrassant ; si la tumeur est superficiellement située, sa souplesse, son élasticité, la crépitation parcheminée qui se manifeste de bonne heure, l'apparence normale des téguments, seront des signes d'une haute importance ; l'on pourrait hésiter alors entre un petit nombre de tumeurs, une tumeur fibreuse ou une collection liquide, et encore faudrait-il rejeter de suite l'idée d'une collection purulente qui s'accompagne de douleurs en se développant ; dans le doute, une ponction exploratrice viendrait éclairer le diagnostic.

Si la tumeur, en se développant, était accompagnée de douleur, s'il existait dans le voisinage quelques dents cariées, on pourrait croire que l'on a affaire à un abcès ou à une induration du tissu gingival, ou du périoste, ou du tissu cellulaire. Mais attendons quelques jours, quelques semaines, enlevons les dents cariées; si c'est un abcès, la question sera bientôt jugée; si c'est une tumeur fibreuse, elle continuera à se développer, et alors on retombe dans le cas précédent; si c'est une induration des tissus gingivaux, cellulaires, ou du périoste, la résolution ne tardera pas à s'opérer; mais quand la tumeur a son siége plus profondément situé dans l'os maxillaire, le diagnostic devient plus difficile.

Tout d'abord je déclare même que le diagnostic est impossible; il faut que la tumeur ait acquis un volume notable avant de fournir des données certaines.

Quand elle aura acquis un certain développement, quand elle formera un relief bien appréciable, voici les signes qu'elle présentera : c'est une tumeur bien limitée, bien circonscrite, résistante au toucher, mais offrant toutefois au doigt qui la comprime une certaine souplesse, une certaine élasticité; elle est adhérente à l'os, elle suit ses mouvements; quand on veut l'ébranler, c'est à l'os tout entier que l'on imprime des mouvements; s'il existe une seule bosselure, elle offre, à une certaine période de son développement, une fluctuation trompeuse; on sent, en l'explorant, la crépitation caractéristique sur laquelle j'ai déjà bien insisté; s'il existe plusieurs bosselures, elles sont bien limitées; les unes sont plus élastiques, les autres plus résistantes, suivant que le tissu osseux a été plus ou moins refoulé, plus ou moins aminci. Parmi ces bosselures, il en est qui peuvent prendre la consistance de l'exostose; mais, contrairement à ce qui arrive pour cette dernière affection, qui n'offre du reste qu'une seule bosselure, à côté d'un point dur, osseux, il y aura d'autres points dépressibles et qui donneront le craquement parcheminé; les dents seront ébranlées, vacillantes, elles seront chassées de leurs alvéoles; la langue est refoulée profondément dans la cavité buccale, si la tumeur se développe de son côté. Dans les parties voisines, on verra se produire certaines déformations tenant à la pression mécanique de la tumeur ; ces déformations seront variables (on en voit un bel exemple dans le dessin qui se trouve à la fin de ce travail).

Avec tous ces symptômes, les parties voisines sont saines, elles ne contractent aucune adhérence avec la tumeur, la santé générale est bien conservée.

En présence de ce tableau de la forme régulièrement arrondie de la tumeur, de la lenteur de son développement, de l'intégrité des parties environnantes, de la conservation de la santé, de l'absence de tuméfaction ganglionnaire, l'idée d'un ostéosarcome sera vite écartée ; c'est à peine si l'on pourrait penser à une semblable lésion au début de la maladie.

Mais en sera-t-il de même d'une collection liquide, d'une exostose, d'un enchondrome, d'un séquestre dans le corps de l'os ?

Un séquestre dans le corps de l'os ne manifesterait pas sa présence par les signes que j'ai donnés des tumeurs fibreuses. Je n'insisterais pas sur cette altération, s'il m'était prouvé que dans tous les cas que l'on pourra rencontrer, les tumeurs fibreuses se développent sans provoquer de douleurs. Or, si l'apparition de la tumeur a été précédée de douleurs plus ou moins vives, on pourrait se demander s'il n'existe pas un séquestre, si autour de ce séquestre il n'y a point une collection purulente. Ce cas rentre alors dans la catégorie de ceux que je vais examiner plus loin.

Une exostose ne doit présenter qu'une seule bosselure ; elle offrira toujours la même consistance caractéristique, et la crépitation parcheminée ne permettra pas de douter entre ces deux affections. Mais s'il existe plusieurs bosselures, que parmi elles, les unes sont élastiques, les autres dures, résistantes, l'on pourrait se demander s'il n'y a point en même temps une exostose et une tumeur fibreuse, une exostose et des kystes. Les bosselures dures sont pour moi le résultat d un travail d'ossification qui s'est passé au sein de la tumeur. C'est un point, du reste, peu important pour le diagnostic, et qui n'offre de l'intérêt qu'au point de vue de l'anatomie pathologique et de l'étiologie. — Un enchondrome? Je ne connais pas d'exemple de cette altération pour le maxillaire inférieur. Mais enfin il n'est pas impossible qu'on trouve une semblable lésion. Ici, je le déclare, je ne prévois pas qu'on puisse établir le diagnostic entre ces deux affections. Ce que j'ose avancer, sous toute réserve, c'est que l'enchondrome doit avoir une marche plus rapide, et se ramollir plus vite que les tumeurs fibreuses.

J'arrive maintenant aux collections liquides. Quand la tumeur est volumineuse, quand elle se présente avec les caractères que j'ai décrits dans l'observation que j'ai rapportée, je crois pouvoir avancer que l'idée d'une collection liquide doit être bien vite écartée. J'avoue qu'elle ne s'est pas présentée à mon esprit, alors que j'ai vu et examiné la malade.

Mais quand il existe plusieurs bosselures, que toutes ces bosselures sont élastiques, que toutes présentent la crépitation sur laquelle je reviens à chaque instant, parce que c'est un signe d'une haute valeur, a-t-on sous les yeux un exemple de kystes multiples de la mâchoire, ou de tumeurs fibreuses multiples? Répondre que la fluctuation est plus douteuse dans celles-ci que dans celles-là, que les premières sont plus souples, plus dépressibles, moins développées, c'est faire bien peu de chose pour la solution de la question. La ponction exploratrice viendra lever tous les doutes.

Il me reste à examiner le cas où il reste une seule bosselure, formée par du tissu fibreux, renfermée dans une loge bien limitée, bien circonscrite, comme il est arrivé pour les deux cas de Dupuytren.

Un kyste purulent se développe en s'accompagnant de douleurs plus ou moins vives, d'inflammation plus ou moins intense ; un kyste purulent a une marche bien plus rapide.

Un kyste séreux peut revêtir tous les caractères de la tumeur fibreuse, mais son développement sera moins considérable, mais il viendra un moment où la fluctuation sera bien manifeste, mais une ponction exploratrice fera tomber toutes les incertitudes.

Un kyste hydatique aurait les mêmes caractères, une ponction seule le ferait diagnostiquer.

Un kyste hématique ne débute pas aussi spontanément; il n'acquiert pas un grand développement à l'état d'épanchement sanguin, et ici encore l'on pourra recourir à une ponction exploratrice.

J'ai esquissé rapidement le tableau des lésions qui peuvent être confondues avec l'altération que j'ai en vue dans cette thèse, afin de préciser, autant qu'il est possible de le faire, le diagnostic des tumeurs fibreuses. Avant de quitter ce chapitre, je vais examiner encore quelques points bien dignes de fixer l'attention.

Est-il indispensable de porter un diagnostic précis? Avant de résoudre cette question, il est bon de rappeler que j'ai séparé en deux groupes les tumeurs fibreuses du maxillaire inférieur : les unes renfermées dans une cavité bien limitée, ce sont celles que l'on pourrait, à la rigueur, désigner sous le nom de *kystes fibreux* : elles peuvent s'énucléer facilement; les autres, au contraire, si entièrement confondues avec le tissu de l'os, qu'il serait tout à fait impossible de les enlever sans emporter en même temps la portion d'os dans laquelle elles sont implantées.

S'il existe plusieurs bosselures de consistance différente, on pourra, presque à coup sûr, croire que l'on a affaire à la seconde variété.

S'il existe une seule tumeur bien limitée, bien élastique, il y aura de fortes présomptions pour faire penser qu'il s'agit d'une tumeur fibreuse, enkystée, assez facile à énucléer. Il se présentera bien des cas intermédiaires où il sera bien difficile, pour ne pas dire impossible, de préciser le diagnostic; je reviendrai sur ce point quand je parlerai du traitement.

Il faut, quand on examine une tumeur, tâcher de reconnaître le plus exactement possible sa nature; mais, au-dessus du diagnostic que je pourrais appeler *scientifique*, il y a le diagnostic *pratique*. Qu'importe, par exemple, qu'il s'agisse d'un enchondrome ou d'une tumeur fibreuse? qu'importe qu'il s'agisse d'une tumeur fibreuse ossifiée dans quelques points, ou simultanément d'une exostose et d'une tumeur fibreuse? Le traitement n'est-il pas le même dans l'un et l'autre cas? De même, pour d'autres maladies, qu'importe qu'on ait affaire à un kyste séro-sanguin ou à un kyste séreux, ou à un de ces kystes décrits par Dupuytren, et qui renfermaient, outre une collection liquide, une masse fibro-cellulaire ou des noyaux osseux?

Un mot encore : si dans certains cas il n'est pas absolument indispensable pour le traitement de préciser la nature de la maladie, il n'en est pas de même quand il s'agit de déterminer l'étendue, la profondeur, les limites de telle ou telle affection. Pour les tumeurs fibreuses, cette remarque est peut-être moins importante que pour bien d'autres productions morbides, puisqu'elles sont bien circonscrites; et cependant il ne faut pas perdre de vue qu'un diagnostic n'est bien fait que quand on a reconnu la nature du mal, son développement, son siége, ses limites, et les particularités qu'il présente. De cette connaissance, découlent une certitude plus grande dans le pronostic que l'on va porter, une confiance plus légitime dans le traitement que l'on mettra en usage.

VI. — ÉTIOLOGIE.

J'aborde une partie de la question où j'ai bien peu de choses positives à dire, et cependant une réflexion me frappe! Ces tumeurs fibreuses, c'est dans les os maxillaires qu'on les rencontre; il semble qu'il y ait une pathologie spéciale pour cette partie du squelette. Peut-être la structure de ces os, la présence des dents, de cavités particulières, leur impriment-elles un certain cachet qui doit se montrer aussi dans leurs maladies; peut-être ces tumeurs fibreuses tiennent-elles à l'altération, à la maladie des follicules dentaires; mais j'avoue que je n'ai pu retirer de la méditation des observations que j'ai mises à profit aucune donnée pour étayer l'étiologie de ces tumeurs. On y voit cependant que cette affection attaque surtout les jeunes enfants. Les malades de Dupuytren avaient 15, 16 ans ; ceux d'Ast. Cooper, 13 , 19 ans. La malade que j'ai opérée est âgée de 34 ans ; cette affection datait de l'âge de 14 ans. Les sujets qui portaient ces tumeurs sont d'une bonne constitution et de professions les plus différentes.

On a invoqué , pour expliquer l'évolution de cette altération , une dent cariée, une contusion, etc. ; mais rien , dans les observations, qu'on peut parcourir , ne vient appuyer cette assertion.

Dans la 2ᵉ observation d'Ast. Cooper , la malade avait entendu un craquement particulier en mangeant une croûte de pain.

Où siégent ces tumeurs ? est-ce dans le follicule dentaire ? est-ce dans les cellules du tissu spongieux ? est-ce dans le névrilème du nerf dentaire ? est-ce, comme l'avance M. Forget, dans le périoste alvéolodentaire ? (1) Je me borne à poser ces questions ; peut-être, à l'aide de nouvelles recherches , sera-t-on en mesure de les résoudre plus tard. Ces tumeurs sont-elles primitivement formées de tissu fibreux ou bien sont-elles le résultat de la transformation du sang ? Je n'hésite pas à préférer la première hypothèse, quant à présent, car le dernier mot n'est pas dit sur la *transformation des tumeurs.* Pour le cas d'Ast. Cooper, je me demande s'il ne s'est rien produit dans le fond de l'alvéole, dans le bulbe dentaire , quand la malade a entendu le craquement dont il est fait mention.

Il faut bien l'avouer, je ne vois rien qui puisse expliquer l'évolution de ces tumeurs fibreuses ; au reste , on n'est guère plus heureux dans la plupart des maladies , surtout des maladies du maxillaire inférieur.

---

(1) M. Gosselin m'a dit avoir vu , dans le service de Blandin., une tumeur fibreuse qui avait son siége dans le névrilème du nerf dentaire inférieur. On voyait bien le nerf arriver à la tumeur, où il se perdait, et on le retrouvait au delà d'elle.

VII. — Pronostic.

D'une manière absolue, le pronostic des tumeurs fibreuses du maxillaire inférieur n'est pas grave.

C'est une affection bien limitée, née dans l'os, dans un point de l'os, se développant dans le lieu où elle a pris naissance, et n'ayant aucun retentissement sur l'économie, sur la santé générale. La vie n'est pas directement compromise par une telle affection, comme elle le serait par un cancer : la tumeur enlevée, bien enlevée, bien détruite, le malade est guéri, le malade est à l'abri d'une récidive.

Plus la tumeur est superficielle, plus elle est bien circonscrite, plus elle est récente, moins le pronostic est grave, moins l'os maxillaire est altéré.

La maladie est d'autant plus sérieuse que la tumeur est plus étendue, qu'elle est moins enkystée, qu'elle peut s'énucléer moins facilement, qu'elle présente un plus grand nombre de bosselures, qu'elle a plus déformé les parties environnantes.

Ces deux propositions se rapportent surtout aux fonctions du maxillaire et à l'opération qu'il faudra pratiquer.

Envisagé sous le point de vue des usages de la mâchoire inférieure, le pronostic est grave, parce qu'elle ne reprendra jamais sa forme et son volume normal, parce que le point altéré ne pourra plus aussi bien remplir ses fonctions. Le pronostic est d'autant plus grave que la portion d'os sur laquelle le corps fibreux est implanté est plus large et plus profondément placée.

Si la tumeur est enkystée, si on peut la détruire sur place sans emporter un morceau de l'os maxillaire, les fonctions de la mâchoire inférieure seront peu embarrassées ; il ne résultera pas de l'opération une difformité bien grande. Mais si, pour enlever le mal, il faut réséquer une portion plus ou moins étendue de l'os, la gêne de la mastication, de la phonation, de la déglutition, sera plus considérable ; il pourra même arriver, comme dans mon observation, que l'os devra être presque complétement extirpé. De là, comme on le conçoit, outre les inconvénients que je viens de signaler, une difformité plus ou moins désagréable. Le diagnostic une fois bien établi, on pourra d'avance annoncer le résultat de l'ablation de la tumeur.

L'opération que l'on pratique guérit en général assez facilement ; elle a toujours eu des suites heureuses dans les cas que j'ai rassemblés ; elle était fort grave chez la malade que j'ai opérée, et à cause du volume de la tumeur, et à cause des veines volumineuses qui rampaient à sa surface, et qui me faisaient redouter une abondante hémorrhagie, et parce que je détachais les insertions des muscles de la langue à la symphyse du menton.

Je pourrais répéter ici tout ce qui a été dit sur le danger des opérations en général, sur l'influence de la constitution des malades, de leur état de santé, etc.; mais je devrais ajouter que les opérations qu'on pratique sur la face guérissent plus facilement que sur toute autre partie du corps.

Quant à la récidive, elle n'est pas à craindre, quand on a réséqué la portion de l'os maxillaire qui est le siége de la maladie ; je ne la redoute pas pour la malade que j'ai opérée. Si l'on s'est borné à l'énucléation de la tumeur et à la cautérisation, à la rugination des parois d'implantation, sans pouvoir être aussi affirmatif, je pense que l'on peut avoir une grande sécurité, si l'on a emporté tout le mal.

VIII. — Traitement.

J'ai rapporté, dans le courant de ce travail, les observations d'un certain nombre de tumeurs fibreuses du maxillaire inférieur. Parmi elles, les unes ont été opérées par arrachement, par énucléation ; les autres par extirpation de la portion d'os malade. J'aurais voulu, pour les premières, afin d'être bien fixé sur le procédé opératoire qu'il convient de suivre, savoir si les malades ont été revus après un certain temps. C'est une lacune, et cependant je pense bien que la guérison s'est maintenue. Toujours est-il que, dans tous les cas, c'est grâce à une extirpation du mal que les malades ont été débarrassés.

Tous les moyens autres qu'une opération, topiques résolutifs, vésicatoires, cautères, etc. etc., toute médication interne, toutes les solutions iodurées, seront inutilement employés ; une seule indication domine tout le traitement :

Il faut détruire complétement la tumeur.

C'est ici surtout que l'on peut voir combien est importante la division de ce genre de tumeurs en deux catégories.

De deux choses l'une, ou bien la tumeur est assez exactement limitée, assez exactement *enkystée,* ou il sera impossible de l'énucléer, de l'arracher complétement, en respectant la mâchoire.

Dans le premier cas, ouvrir la cavité kystique, emporter une rondelle plus ou moins grande de la lamelle osseuse qui la ferme, enlever, arracher bien exactement, bien complétement la tumeur, ruginer, cautériser la portion d'os sur laquelle elle est implantée, détruire tous les prolongements fibreux qui s'engagent dans le tissu osseux, mettre dans la plaie des boulettes de charpie, pour la faire suppurer : telle est la conduite que devra tenir le chirurgien.

Si l'extirpation du mal n'est pas complète, il arrivera, à coup sûr, ce qui s'est passé chez le malade de Lisfranc, ce qui s'est passé chez le malade de Dupuytren, ce qui s'est passé chez la malade que j'ai opérée ; il y aura une récidive.

Il est bien certain que l'on doit faire tous ses efforts pour conserver l'os maxillaire, et ne se décider à en enlever une partie plus ou moins considérable qu'autant que l'on sera bien convaincu que toute autre opération serait insuffisante, ou que la portion d'os que l'on pourrait respecter serait trop mince, trop friable, pour être de quelque utilité.

Mais que la tumeur soit ancienne, volumineuse, que l'os soit tout à fait déformé que les dents soient ébranlées ou chassées de leurs alvéoles, que le mal ait contracté avec le tissu osseux des adhérences tellement intimes, qu'il n'y a à songer ni à l'énucléation , ni à l'arrachement, dans ce cas, enlever avec le corps fibreux toute la portion d'os que la maladie a attaquée, voilà le seul remède ; et l'on peut dire, si le malade résiste aux suites de l'opération , qu'il est à l'abri d'une récidive.

Il est des faits, ainsi que je l'ai avancé en traitant du diagnostic, où il sera impossible de dire tout d'abord si la tumeur pourra être énucléée ou s'il sera impossible d'en pratiquer l'arrachement. Le chirurgien, dans le but de conserver l'os maxillaire, sera en droit de commencer l'opération comme s'il devait trouver un kyste, après avoir prévenu le malade ; et s'il s'aperçoit que l'énucléation est impraticable, enlever de suite la portion d'os minée par l'altération.

En somme, respecter, autant qu'il est possible, la plus grande partie de l'os maxillaire, énucléer, arracher, cautériser, ruginer le corps fibreux et la cavité qui le renferme , ou bien réséquer la portion osseuse sur laquelle est implantée la tumeur.

Je ne veux pas insister sur le procédé opératoire auquel il faudra avoir recours; la résection de l'os maxillaire inférieur est décrite dans les traités de médecine opératoire. Je terminerai par cette considération : chaque tumeur portera avec elle une indication spéciale. On pourra, pour se guider dans le choix de la méthode à suivre, lire les divers procédés qui ont été mis en usage et qui sont rapportés dans chaque observation.

L'opération que j'ai pratiquée est sans contredit la plus grave, a plus compliquée, qui ait été tentée pour une tumeur de cette nature; on trouvera, à la fin de cette thèse , le dessin qui représente le résultat auquel je suis arrivé.

Paris. — RIGNOUX, Imprimeur de la Faculté de Médecine, rue Monsieur-le-Prince , 31.

Imp. Lemercier, Paris.

Imp. Lemercier, Paris.